NA

Jobsite Safety Handbook

Third Edition

Manual de

Seguridad en la Obra

de Tercera Edición

National Association
of Home Builders

Asociación Nacional de
Constructores de
Viviendas (NAHB)

NAHB Jobsite Safety Handbook, Third Edition

BuilderBooks, a service of the National Association of Home Builders

Elizabeth M. Rich	Director, Book Publishing
Natalie C. Holmes	Book Editor
Laserwords	Cover Design and Composition
Sheridan Books Inc.	Printing
Gerald M. Howard	NAHB Chief Executive Officer
Mark Pursell	NAHB Senior Vice President, Expositions, Marketing and Sales
Lakisha Campbell, CAE	NAHB Vice President, Publishing and Affinity Programs
Robert Matuga	NAHB Assistant Vice President, Labor, Safety and Health Policy
Marcus Odorizzi	NAHB Safety Specialist, Labor, Safety and Health Policy

Disclaimer

This publication provides accurate information on the subject matter covered. The publisher is selling it with the understanding that the publisher is not providing legal, accounting, or other professional service. If you need legal advice or other expert assistance, obtain the services of a qualified professional experienced in the subject matter involved. Reference herein to any specific commercial products, process, or service by trade name, trademark, manufacturer, or otherwise does not necessarily constitute or imply its endorsement, recommendation, or favored status by the National Association of Home Builders. The views and opinions of the author expressed in this publication do not necessarily state or reflect those of the National Association of Home Builders, and they shall not be used to advertise or endorse a product.

Printed in the United States of America

20 19 18   5 6 7 8 9 0

ISBN-13: 978-0-86718-681-9

Library of Congress Cataloging-in-Publication Data
NAHB jobsite safety handbook.—3rd ed.
    p. cm.
  Rev. ed. of: NAHB-OSHA jobsite safety handbook. 1999.
    ISBN 978-0-86718-681-9 (alk. paper)
  1. Building—United States--Safety measures. 2. House construction—United States—Safety measures. 3. Construction industry—Safety regulations—United States. I. National Association of Home Builders (U.S.)
 TH443.N25 2012
690'.22--dc23

                                        2011053457

For further information, please contact:
National Association of Home Builders
1201 15th Street, NW
Washington, DC 20005-2800
800-223-2665
http://www.BuilderBooks.com

Manual de Seguridad en la Obra de NAHB, Tercera Edición

BuilderBooks, servicio prestado por la Asociación Nacional de Constructores de Viviendas

Elizabeth M. Rich	Directora, Publicación de Libros
Natalie C. Holmes	Editora de Libros
Laserwords	Diseño de Cubierta y Composición
Sheridan Books Inc.	Impresiones
Gerald M. Howard	Director Ejecutivo de NAHB
Mark Pursell	Vicepresidente Senior de NAHB, encargado de Exposiciones, Marketing y Ventas
Lakisha Campbell, CAE	Vicepresidente de NAHB, Programas de Afinidad y Publicaciones
Robert Matuga	Vicepresidente Adjunto, Política de Salud, Seguridad y Trabajo de NAHB
Marcus Odorizzi	Especialista en Seguridad, Política de Salud, Seguridad y Trabajo de NAHB

Impreso en los Estados Unidos de América.

20 19 18 17   4 5 6 7 8 9 0

ISBN-13: 978-0-86718-681-9

Información sobre Catalogación en Publicación (CIP)
NAHB jobsite safety handbook.—3rd ed.
    p. cm.
    Rev. ed. of: NAHB-OSHA jobsite safety handbook. 1999.
      ISBN 978-0-86718-681-9 (alk. paper)
      1. Building—United States--Safety measures. 2. House construction—United States—Safety measures. 3. Construction industry—Safety regulations—United States. I. National Association of Home Builders (U.S.)
  TH443.N25 2012
  690'.22--dc23   2011053457

Para obtener más información, comuníquese a:
National Association of Home Builders
1201 15th Street, NW
Washington, DC 20005-2800
800-223-2665
http://www.BuilderBooks.com.

About NAHB

The National Association of Home Builders (NAHB) is a Washington, DC-based trade association representing more than 160,000 members involved in home building, remodeling, multifamily construction, property management, trade contracting, design, housing finance, building product manufacturing, and other aspects of residential and light commercial construction.

NAHB's Labor Safety and Health Services is committed to educating America's builders about the importance of construction safety. Our safety and health resources are designed to help builders control unsafe conditions, operate safe jobsites, comply with OSHA regulations, and reduce their workers' compensation costs.

If you have any questions regarding the content of this handbook, please contact

Labor, Safety and Health Policy
National Association of Home Builders
1201 15th Street, NW
Washington, DC 20005-2800
(800) 368-5242
http://www.nahb.org

Acerca de NAHB

La Asociación Nacional de Constructores de Viviendas (NAHB) es una asociación comercial con sede en Washington, DC que representa a más de 160,000 miembros que llevan a cabo construcciones de viviendas, remodelaciones, construcciones de viviendas multifamiliares, administración de propiedades, contratación comercial, diseño, financiación de viviendas, fabricación de productos para la construcción, y otros aspectos de la construcción comercial ligera y residencial.

El Servicio de Salud y Seguridad Ocupacional de NAHB ha asumido el compromiso de educar a los constructores de los Estados Unidos sobre la importancia de la seguridad en la construcción. Nuestros recursos relacionados con la salud y la seguridad fueron diseñados para ayudar a los constructores a controlar condiciones de inseguridad, trabajar en obras seguras, cumplir con las normativas de la Administración de Salud y Seguridad Ocupacional (OSHA) y reducir los costos de indemnización de los trabajadores.

En caso de dudas relacionadas con el contenido de este manual, comuníquese a:

Labor, Safety & Health Policy
National Association of Home Builders
1201 15th Street, NW
Washington, DC 20005-2800
(800) 368-5242
http://www.nahb.org

Acknowledgments

Many individuals and companies were integral to the revision of the third edition of the *NAHB Jobsite Safety Handbook*. NAHB would like to thank the following for their generous contributions of time and professional expertise in helping to improve this handbook: Dean Mon, Chairman, and Don Pratt, Vice-Chairman, NAHB Construction, Safety and Health Committee; Richard Reynolds, RG Reynolds Homes Inc; Bob Masterson, The Ryland Group; Tom Trauger, Winchester Homes; Mike Thibodeaux, MJT Consulting; Felicia Watson, NAHB Office of the General Counsel; and Matt Watkins, NAHB Environmental Policy. The third edition of the *NAHB Jobsite Safety Handbook* was prepared under the general direction of NAHB's Executive Vice President of Regulatory Affairs, David Ledford; Senior Vice President of Environment, Labor, and Land Development, Susan Asmus; and Assistant Vice President of Labor, Safety, and Health Policy, Rob Matuga.

NAHB would also like to thank all of those individuals, too numerous to mention here, who contributed to the earlier versions of the *NAHB-OSHA Jobsite Safety Handbook*, created as a cooperative effort by the National Association of Home Builders and the federal Occupational Safety and Health Administration (OSHA) to assist builders and trade contractors in the residential construction industry in operating safe jobsites.

Unless otherwise noted, photographs are by Marcus Odorizzi and Robert Matuga.

Reconocimientos

Diversas personas y compañías colaboraron en la revisión de la tercera edición del *Manual de Seguridad en la Obra de NAHB*. NAHB quisiera agradecer a las siguientes personas por su valioso aporte de tiempo y experiencia profesional al momento de colaborar para mejorar este manual: Dean Mon, Presidente, y Don Pratt, Vicepresidente, del Comité de Salud y Seguridad en la Construcción de NAHB; Richard Reynolds, de RG Reynolds Homes Inc; Bob Masterson, de The Ryland Group; Tom Trauger, de Winchester Homes; Mike Thibodeaux, de MJT Consulting; Felicia Watson, de la Oficina de Asesoría Jurídica de NAHB; y Matt Watkins, del Departamento de Políticas Ambientales de NAHB. La tercera edición del *Manual de Seguridad en la Obra de NAHB-OSHA* fue confeccionada bajo la dirección general del Vicepresidente Ejecutivo de Asuntos Regulatorios de NAHB, David Ledford; la Vicepresidente Senior del Departamento de Medioambiente, Trabajo y Desarrollo de Tierras, Susan Asmus; y el Vicepresidente Adjunto del Departamento de Políticas de Seguridad, Salud y Trabajo, Rob Matuga.

NAHB también quisiera agradecer a una gran cantidad de personas (son demasiadas para mencionarlas aquí) que han contribuido con las versiones anteriores del *Manual de Seguridad en la Obra de NAHB-OSHA*, creado a partir del esfuerzo conjunto de la Asociación Nacional de Constructores de Viviendas (NAHB) y la Administración de Seguridad y Salud Ocupacional (OSHA) federal para ayudar a los constructores y contratistas comerciales en la industria de la construcción residencial a operar sitios de trabajo seguros.

A menos que se indique lo contrario, las fotografías son por Marcus Odorizzi y Robert Matuga.

Contents

Índice

Introduction

The residential construction industry represents a significant percentage of the construction workforce. Therefore, safe work practices of small building companies play an important part in reducing injuries and fatalities in the residential construction industry.

The federal Occupational Safety and Health Administration (OSHA) defined residential construction in the December 2010 Compliance Guidance for Residential Construction (STD 03-11-002) as

> *covering construction work that satisfies the following two elements: (1) the end-use of the structure being built must be as a home, i.e., a dwelling; and (2) the structure being built must be constructed using traditional wood frame construction materials and methods. The limited use of structural steel in a predominantly wood-framed home, such as a steel I-beam to help support wood framing, does not disqualify a structure from being considered residential construction. Additionally, the construction of homes with masonry brick or block in the exterior walls is also considered residential construction.*

The *NAHB Jobsite Safety Handbook* describes how the residential construction industry can comply with OSHA regulations while focusing on the most common hazards found on jobsites. The main goal of this handbook is to explain in plain language what builders can do to comply with OSHA requirements. The book is designed to

Introducción

La industria de la construcción residencial representa un porcentaje significativo de la mano de obra de la construcción. Por consiguiente, las prácticas seguras de trabajo de las compañías constructoras pequeñas resultan importantes para reducir lesiones y fatalidades en la industria de la construcción residencial.

La Administración de Seguridad y Salud Ocupacional (OSHA) federal proporcionó la siguiente definición de construcción residencial en la Guía de Cumplimiento para la Construcción Residencial de diciembre de 2010 (STD 03-11-002):

> *cubre los trabajos de construcción que cumplen con los dos siguientes requisitos: (1) su uso final debe ser el de un hogar, es decir, una vivienda; y (2) debe haberse construido usando materiales y métodos tradicionales de construcción a base de una estructura de madera. El uso limitado de acero estructural, como vigas de acero doble T como soporte de la estructura de madera, en una vivienda construida predominantemente a base de soportes de madera, no impide que sea considerada construcción residencial. Además, la construcción de viviendas con bloques de concreto o ladrillos en las paredes exteriores también se considera construcción residencial.*

El *Manual de Seguridad en la Obra de NAHB* describe de qué manera la industria de la construcción residencial puede cumplir con las normativas de OSHA y, al mismo tiempo, concentrarse en los peligros más comunes presentes en las obras. Este manual tiene como finalidad principal explicar en lenguaje claro lo que los constructores pueden hacer para cumplir con los requisitos de OSHA. Este libro ha sido dis-

identify safe work practices and related OSHA regulations that have an impact on the most hazardous activities in the construction industry.

It includes a series of general safety tips. These tips are designed to provide examples of common best practices for residential construction safety that can be incorporated into your company's safety and health program.

This *NAHB Jobsite Safety Handbook* highlights the **minimum** safe work practices and regulations designed to prevent the major hazards and causes of fatalities occurring in the residential construction industry. Many detailed and lengthy requirements, such as the lead and asbestos standards applicable to portions of the industry, are not included in this handbook. The information presented in this handbook does not exempt the employer from compliance with the requirements contained in title 29 of the Code of Federal Regulations, Part 1926, or from any state or local safety laws and regulations for the residential construction industry. The handbook should be used only as a companion to the actual regulations and as a general guide to safety practices. If any inconsistency ever exists between the handbook and the OSHA regulations, the OSHA regulations (29 CFR 1926) will always prevail. This document should never be considered a substitute for any regulatory provisions.

eñado para identificar las prácticas seguras de trabajo relacionadas con las normativas de OSHA que tienen efectos sobre las actividades más peligrosas en la industria de la construcción.

Contiene una serie de consejos de seguridad general. Estos consejos han sido diseñados para proporcionar ejemplos de las mejores prácticas habituales para la seguridad de la construcción residencial que se pueden incorporar al programa de salud y seguridad de la compañía.

Este *Manual de Seguridad en la Obra de NAHB* destaca las **mínimas** normativas y prácticas seguras de trabajo diseñadas para prevenir mayores peligros y causas de fatalidades que se producen en la industria de la construcción residencial. Este manual no contiene diversos requisitos, detallados y extensos, por ejemplo, las normas relacionadas con plomo y asbestos aplicables a determinados sectores de la industria. La información presentada en este manual no exime al empleador de cumplir con los requisitos incluidos en la Parte 1926 del Título 29 del Código de Reglamentos Federales (29 CFR 1926), ni de cumplir con las normativas y leyes de seguridad estatales o locales relacionadas con la industria de la construcción residencial. Este manual sólo se debe utilizar como complemento de las normativas vigentes y como guía general de prácticas de seguridad. En caso de falta de uniformidad entre el manual y las normativas de OSHA, prevalecerán siempre las normativas de OSHA (29 CFR 1926). Este documento no reemplaza las disposiciones reglamentarias.

States with Approved Occupational Safety and Health
Plans

Alaska	New Mexico
Arizona	New York
California	North Carolina
Connecticut	Oregon
Hawaii	Puerto Rico
Illinois	South Carolina
Indiana	Tennessee
Iowa	Utah
Kentucky	Vermont
Maryland	Virgin Islands
Michigan	Virginia
Minnesota	Washington
Nevada	Wyoming
New Jersey	

*Note: The Connecticut, Illinois, New Jersey, New York,
and Virgin Islands plans cover public sector (state and
local government) employees only.*

For additional specific legal requirements and safety practices
relevant to your particular job, you should rely on the regulations and
generally accepted safe work practices in your state, as many states
operate their own state occupational safety and health plans. These
states may have adopted construction regulations that differ from information presented in the *NAHB Jobsite Safety Handbook*. If you live
in a state with an approved occupational safety and health plan, contact your local administrator for further information about the regulations applicable in your state.

Estados que cuentan con un Plan de Seguridad y Salud
Ocupacional Aprobado.

Alaska	Nuevo México
Arizona	Nueva York
California	Carolina del Norte
Connecticut	Oregón
Hawái	Puerto Rico
Illinois	Carolina del Sur
Indiana	Tennessee
Iowa	Utah
Kentucky	Vermont
Maryland	Islas Vírgenes
Michigan	Virginia
Minnesota	Washington
Nevada	Wyoming
Nueva Jersey	

Nota: los planes de Connecticut, Illinois, Nueva Jersey, Nueva York y las islas Vírgenes sólo abarcan empleados del sector público (gobierno estatal y local).

Para obtener más información sobre prácticas de seguridad y requisitos legales específicos relacionados con su trabajo en particular, siga las normativas y prácticas de seguridad generalmente aceptadas de su estado, ya que muchos estados aplican sus propios planes de seguridad y salud ocupacional. Es posible que estos estados hayan adoptado normativas de construcción diferentes a la información presentada en el *Manual de Seguridad en la Obra de NAHB*. Si usted vive en un estado que cuenta con un plan de seguridad y salud ocupacional aprobado, comuníquese con su administrador local para solicitar más información sobre las normativas que se aplican en su estado.

Safety and Health Program Guidelines

Employers need to institute and maintain a company program of policies, procedures, and practices to protect their employees from, and help them to recognize, job-related safety and health hazards.

The company safety program should include procedures for the identification, evaluation, and prevention or control of workplace hazards, specific job hazards, and potential hazards that may arise.

An effective company safety program outlines the rules and responsibilities of each employee and includes the following four main elements:

1. **Management Commitment and Employee Involvement**
   The most successful company safety program includes a clear statement of policy by the owner, management support of safety policies and procedures, and employee involvement in the structure and operation of the program.

Safety Tip: *Ask workers to provide input and feedback about how well the company's safety and health program works. Challenge them to find solutions and implement new ideas as needed.*

Pautas del Programa de Salud y Seguridad

Los empleadores deben instituir y mantener un programa corporativo de políticas, procedimientos y prácticas con el objeto de proteger a sus empleados y ayudarlos a reconocer los peligros para la salud y la seguridad relacionados con el trabajo.

El programa de seguridad de la compañía debe incluir procedimientos diseñados para identificar, evaluar y prevenir o controlar los peligros ocupacionales, los peligros relacionados con trabajos específicos y los posibles peligros que pudieran surgir.

Un programa de seguridad de la compañía eficaz debe describir las reglas y responsabilidades de cada empleado, y debe incluir los siguientes cuatro elementos principales:

1. **Compromiso de la Gerencia y Participación del Empleado**

   Los programas de seguridad corporativos más exitosos contienen una declaración clara de las políticas emanadas del propietario, el respaldo gerencial a los procedimientos y prácticas de seguridad, y la participación del empleado en la estructura y el funcionamiento del programa.

   Consejo de Seguridad: *pida a los trabajadores que proporcionen información y comentarios acerca del funcionamiento del programa de seguridad y salud. Invítelos a buscar soluciones e implementar nuevas ideas, según fuera necesario.*

2. Worksite Analysis

An effective company safety program sets forth procedures to analyze the jobsite to identify existing hazards, develop a system of eliminating or controlling exposure to hazards, and monitor hazard correction.

3. Hazard Prevention and Control

An effective safety program establishes procedures for eliminating or controlling known or potential hazards on the jobsite. It may utilize engineering solutions, administrative controls, or personal protective equipment (PPE).

4. Safety and Health Training

Training is an essential component of an effective company safety program. Training may be either formal or informal and should be provided for managers, supervisors, and employees. The complexity of training depends on the construction work being performed, size and complexity of the jobsite, and characteristics of the hazards and potential hazards at the site.

2. Análisis de la Obra

Un programa de seguridad corporativo eficaz establece procedimientos para analizar la obra, a fin de identificar los peligros existentes, desarrollar un sistema para eliminar o controlar la exposición al peligro, y supervisar la corrección de dichos peligros.

3. Control y Prevención de Peligros

Un programa de seguridad eficaz estipula procedimientos para eliminar o controlar los peligros posibles o conocidos de la obra. Podrá emplear soluciones de ingeniería, controles administrativos o equipos de protección personal (PPE).

4. Capacitación sobre Seguridad y Salud

La capacitación es un componente esencial de un programa de seguridad corporativo eficaz. La capacitación podrá ser formal o informal, y se deberá proporcionar tanto a los gerentes y supervisores como a los empleados. La complejidad de la capacitación dependerá del trabajo de construcción que se realiza, el tamaño y la complejidad de la obra, y las características de los peligros y posibles peligros de la obra.

Employee Duties

☑ Follow all company safety rules and applicable OSHA regulations.

☑ Wear and take care of personal protective equipment (PPE).

 Safety Tip: *It may be OK for workers to wear shorts on the jobsite, as long as there are no skin irritation, laceration, or abrasion hazards. Workers should always wear shirts to protect against sun exposure.*

☑ Make sure all safety features (i.e., guards) for tools and equipment are functioning properly.

☑ Don't let your work put another worker in danger.

☑ Replace damaged or dull hand tools immediately.

☑ Avoid horseplay, practical jokes, or other activities that create a hazard.

☑ Don't use drugs or alcohol on the job.

☑ Report any unsafe or hazardous conditions, work practices, and any injury or accident to your supervisor.

Obligaciones del Empleado

☑ Se deben cumplir todas las normas de seguridad de la compañía y las normativas de OSHA aplicables.

☑ Utilice y cuide su equipo de protección personal (PPE).

 Consejo de Seguridad: algunos trabajadores podrán usar pantalones cortos en la obra, en tanto y en cuanto no haya peligro de raspaduras, laceraciones o irritación cutánea. Los trabajadores siempre deben usar camisa para protegerse contra la exposición al sol.

☑ Asegúrese de que todos los elementos de seguridad (por ejemplo, resguardos) para herramientas y equipos funcionen correctamente.

☑ No permita que su trabajo ponga en peligro a otro trabajador.

☑ Cambie las herramientas manuales dañadas o rotas de inmediato.

☑ Evite los juegos violentos, las bromas pesadas u otras actividades que pudieran generar situaciones de peligro.

☑ No consuma drogas ni tome alcohol en el trabajo.

☑ Informe a su supervisor sobre prácticas o condiciones laborales inseguras o peligrosas, y sobre lesiones o accidentes que pudieran producirse.

Employer Duties

✓ Keep the workplace free from hazards.

✓ Fully comply with all applicable safety and health regulations.

✓ Inform employees about how to protect themselves against hazards that cannot be controlled.

✓ Provide a competent or qualified person to oversee compliance with applicable safety and health regulations. A **competent person** is capable of identifying hazards on the jobsite and has the authority to correct or eliminate them. A **qualified person** has a recognized degree or extensive knowledge, training, or expertise, and has demonstrated the ability to resolve problems related to the work or project.

✓ Provide training as required by OSHA regulations.

✓ Keep injury and illness records, if required.

✓ Conduct regular jobsite safety inspections.

 Safety Tip: *Need more help? Your workers' compensation or general liability insurance carrier can provide loss-control services, such as safety program development, compliance audits, jobsite inspections, claims analysis, and even training.*

Obligaciones del Empleador

☑ Mantener el centro de trabajo libre de peligros.

☑ Cumplir con todas las normativas de seguridad y salud aplicables.

☑ Informar a los empleados sobre la manera de protegerse a sí mismos contra los peligros que no se pueden controlar.

☑ Designar a una persona calificada o competente para supervisar el cumplimiento de las normativas de seguridad y salud aplicables. Una persona competente tiene la capacidad de identificar peligros en la obra y la autoridad para corregirlos o eliminarlos. Una **persona calificada** cuenta con conocimiento, capacitación o experiencia amplia o de grado conocido, y ha demostrado tener la capacidad necesaria para resolver problemas relacionados con el trabajo o el proyecto.

☑ Proporcionar la capacitación necesaria, conforme a las normativas de OSHA.

☑ Si es necesario, mantener registros de lesiones y enfermedades.

☑ Llevar a cabo inspecciones regulares de seguridad en la obra.

Consejo de Seguridad: ¿Necesita más ayuda? Su aseguradora de responsabilidad civil o de accidentes de trabajo puede proporcionar servicios de control de pérdidas, por ejemplo: desarrollo de un programa de seguridad, auditorías de cumplimiento, inspecciones de la obra, análisis de reclamos e, incluso, capacitación.

✓ Provide and pay for most personal protective equipment (PPE).

✓ Have someone trained in first aid on-site if you have no emergency response service nearby.

Orientation and Training

Each worker must receive safety orientation and training on applicable OSHA regulations and company safety requirements, and/or demonstrate that he or she has enough experience to do his/her job safely. Employers should evaluate this training occasionally to ensure that employees understand and implement company safety requirements and OSHA regulations.

Safety Tip: *Holding weekly safety meetings with workers has been shown to reduce accidents and lower insurance costs.*

Personal Protective Equipment

Workers must use personal protective equipment (PPE) appropriate to the type of task they are performing. Equipment may include hard hats, safety glasses, and hearing protection, but the use of personal pro-

☑ Suministrar y asumir el pago de cualquier equipo de protección personal (PPE).

☑ En caso de no tener un servicio de atención de emergencias cercano, cuente con una persona capacitada para brindar primeros auxilios en la obra.

Asesoramiento y Capacitación

Todos los trabajadores deben recibir capacitación y asesoramiento sobre los requisitos de seguridad de la compañía y las normativas de OSHA aplicables, y/o deben demostrar que cuentan con experiencia suficiente para cumplir con su trabajo de manera segura. Los empleadores deben evaluar esta capacitación ocasionalmente, a fin de asegurarse de que los empleados comprenden e implementan los requisitos de seguridad de la compañía y las normativas de OSHA.

Consejo de Seguridad: *gracias a la celebración de reuniones semanales sobre seguridad con los trabajadores, se han reducido los accidentes y los costos de seguros.*

Equipo de Protección Personal

Los trabajadores deben usar el equipo de protección personal adecuado para el tipo de tarea que realizan. El equipo podrá incluir cascos, lentes de seguridad y protección para los oídos; sin embargo, la utilización

tective equipment is not a substitute for working safely. Workers still need to follow best safety practices to avoid hazards (fig. 1). Employers must provide and pay for most PPE, depending on the type of activity being performed. Common examples of PPE that employers provide include, but are not limited to, hard hats, hearing protection or earplugs, safety glasses/face shields, hand-protection gloves, and fall-protection equipment. Employers do not have to pay for safety boots (i.e., steel-toe boots), or common or everyday clothing such as long-sleeve shirts, pants, street shoes, and work boots.

HEAD PROTECTION

- ✓ Workers must wear hard hats when overhead, falling, or flying hazards exist, or when danger of electrical shock is present.

- ✓ Inspect hard hats routinely for dents, cracks, or deterioration.

- ✓ If a hard hat has taken a heavy blow or electrical shock, you must replace it even if you detect no visible damage.

- ✓ Maintain hard hats. Do not drill them, clean them with strong detergents or solvents, paint them, or store them in extreme temperatures.

Safety Tip: *Requiring workers and visitors to always wear hard hats while on the jobsite will help instill a culture of safety and compliance.*

del equipo de protección personal no sustituye a las prácticas de trabajo seguras. Los trabajadores deberán cumplir con las mejores prácticas de seguridad para evitar peligros (figura 1). Los empleadores deben suministrar los equipos de protección personal, según el tipo de actividad que desarrollan los trabajadores, y asumir el pago de dichos equipos. Entre los equipos de protección personal que deben proporcionar los empleadores, se incluyen, entre otros, cascos, protección o tapones para los oídos, lentes de seguridad/protectores faciales, guantes de protección para las manos, y equipo de protección contra caídas. Los empleadores no deben asumir el pago de las botas de seguridad (es decir, botas con puntas de acero) ni de las prendas de vestir comunes o de uso diario, tales como camisas de manga larga, pantalones, zapatos de uso diario o botas de trabajo.

PROTECCIÓN PARA CABEZA

☑ Los trabajadores deben usar cascos si existe peligro de objetos voladores, caída de objetos u objetos que pudieran pasar por encima de la cabeza, o en caso de peligro de choque eléctrico.

☑ Los cascos se deben inspeccionar habitualmente para verificar que no presentan golpes, grietas ni signos de deterioro.

☑ Debe cambiar el casco si ha sufrido un golpe fuerte o un choque eléctrico, incluso aunque no se presente daños visibles.

☑ Cuide los cascos. No los perfore, no los limpie con solventes o detergentes fuertes, no los pinte ni los guarde en sitios con temperaturas extremas.

Consejo de Seguridad: *si se exige a los trabajadores y visitantes que usen cascos en todo momento mientras se encuentran en la obra, contribuiremos a instalar una cultura de seguridad y cumplimiento.*

Figure 1. Worker with PPE. This worker is preparing to cut lumber while wearing the proper PPE, including a hard hat and safety glasses. His saw is guarded correctly. His employer has determined that hearing protection should be used.

Figura 1. Trabajador con equipo de protección personal. Este trabajador se está preparando para cortar madera y usa el equipo de protección personal adecuado: casco y lentes de seguridad. Su sierra está protegida como corresponde. Su empleador ha decidido que debe utilizar protección para los oídos.

EYE AND FACE PROTECTION

☑ Workers must wear safety glasses or face shields for welding, cutting, nailing (including pneumatic nailing), or when working with concrete and/or harmful chemicals.

☑ Eye and face protectors are designed for particular hazards. Select the appropriate type for the hazard.

☑ Protective eyewear, including safety glasses, must meet the American National Standards Institute (ANSI) Z87.1 requirements. Look on the frame for the Z87.1 mark to ensure safety glasses are impact resistant.

☑ Replace poorly fitting or damaged safety glasses.

FOOT PROTECTION

☑ Residential construction workers must wear proper shoes or boots with slip-resistant and puncture-resistant soles (to prevent slipping and puncture wounds).

☑ Safety-toed shoes are recommended to prevent crushed toes when working with heavy rolling equipment or falling objects.

PROTECCIÓN DE CARA Y OJOS

☑ Los trabajadores deben usar lentes de seguridad o protectores faciales para soldar, cortar, clavar (incluso con clavadoras neumáticas), o cuando trabajan con hormigón y/o productos químicos perjudiciales para la salud.

☑ Los protectores faciales y oculares están diseñados para algunos peligros en particular. Seleccione el tipo de protección adecuado, según los peligros.

☑ Los protectores oculares, incluidos los lentes de seguridad, deben cumplir con los requisitos del Instituto Nacional Estadounidense de Estándares (ANSI) Z87.1. Busque en el marco de las gafas la marca Z87.1, a fin de asegurarse de que los lentes de seguridad son resistentes a los golpes.

☑ Cambie los lentes de seguridad dañados o no adecuados.

PROTECCIÓN DE PIE

☑ Los trabajadores de construcciones residenciales deben usar botas o zapatos adecuados con suelas antideslizantes y resistentes a perforaciones (para evitar que el trabajador se resbale o sufra lesiones ocasionadas por perforaciones).

☑ Se recomienda utilizar zapatos con casquillos de seguridad para evitar lesiones en los dedos de los pies ocasionadas por el trabajo con equipos móviles pesados o para protegerse de objetos en caída.

HAND PROTECTION

☑ Workers should always wear the right gloves for the job (for example, heavy-duty rubber for concrete work, welding gloves for welding, insulated gloves and sleeves when exposed to electrical hazards).

☑ High-quality gloves can prevent injury.

☑ Gloves should fit snugly.

☑ Glove gauntlets should be taped for working with fiberglass materials.

FALL PROTECTION

☑ Use a properly installed personal fall arrest system (PFAS) to stop workers from contacting a lower level in the event of a fall. A PFAS consists of an anchor, connectors, and a body harness; and may include a lanyard, deceleration device, lifeline, or combination of these (*see* Fall Protection, p. 50).

PROTECCIÓN DE MANO

☑ Los trabajadores siempre deben usar los guantes adecuados para el trabajo que desempeñan (por ejemplo, goma de alta resistencia para trabajos sobre hormigón, guantes de soldadura para soldar, y mangas y guantes aislantes cuando el trabajador se expone a peligros eléctricos).

☑ El uso de guantes de alta calidad puede prevenir lesiones.

☑ Los guantes deben calzar cómodamente.

☑ Se debe colocar cinta a los puños de los guantes para trabajar con materiales de fibra de vidrio.

PROTECCIÓN CONTRA CAÍDAS

☑ Utilice un sistema personal de detención de caídas (PFAS) instalado para evitar que los trabajadores golpeen el nivel inferior en caso de caída. El sistema personal de detención de caídas se compone de un punto de anclaje, conectores, un arnés para el cuerpo, y puede incluir un acollador, un dispositivo de desaceleración, una cuerda de salvamento o una combinación de todas ellas (*consulte* la sección Protección contra Caídas, p. 51).

HEARING PROTECTION

☑ Workers must use hearing protection (i.e., earmuffs or earplugs) when exposed to hazardous levels of sound from tools or heavy equipment.

☑ If hearing protection is required, you must establish and implement a written hearing-protection program.

RESPIRATORY PROTECTION

☑ Workers must wear appropriate respiratory protection when exposed to inhalation hazards or when they are working in a hazardous atmosphere.

☑ If respirators are used, establish and implement a written respiratory protection program.

PROTECCIÓN PARA OÍDOS

☑ Los trabajadores deben utilizar protección para los oídos (es decir, orejeras o tapones para los oídos) cuando están expuestos a niveles de sonido peligrosos emanados de las herramientas y el equipo pesado.

☑ Si es necesario utilizar protección para los oídos, debe establecer e implementar un programa de protección para los oídos por escrito.

PROTECCIÓN RESPIRATORIA

☑ Los trabajadores deben utilizar la protección respiratoria adecuada cuando se exponen a peligros de inhalación o cuando trabajan en una atmósfera peligrosa.

☑ Si se utilizan respiradores, debe establecer e implementar un programa de protección respiratoria por escrito.

Housekeeping and General Site Safety

✓ Keep all walkways and stairways clear of trash, debris, and materials such as tools and supplies to prevent tripping.

✓ Pick up boxes, scrap lumber, and other materials. Put them in a dumpster or trash/debris area to prevent fire and tripping hazards (fig. 2).

 Safety Tip: *When lifting, always bend your knees, not your back, and avoid twisting.*

✓ Provide a container for waste, trash, and other refuse.

✓ Provide enough light so workers can see and to prevent accidents.

✓ Provide an adequate supply of drinking water.

✓ Provide an adequate number of toilets (at least one for every 20 workers).

Buenas Prácticas y Seguridad General en la Obra

✓ Mantenga todos los pasillos y todas las escaleras libres de basura, desechos y otros materiales, tales como herramientas y suministros, para evitar tropiezos.

✓ Levante las cajas, los restos de madera y otros materiales. Colóquelos en un contenedor o en un área de desechos/basura para evitar peligros de incendio o tropiezos (figura 2).

Consejo de Seguridad: *cuando levante objetos, siempre doble las rodillas, no la espalda, y evite torcerse.*

✓ Coloque un recipiente para arrojar desechos, basura y otros materiales similares.

✓ Provea luz suficiente para que los trabajadores puedan ver y, de esta manera, eviten accidentes.

✓ Ofrezca un suministro adecuado de agua potable.

✓ Ofrezca una cantidad adecuada de baños (al menos uno cada 20 trabajadores).

Figure 2. A clean and organized jobsite. This jobsite is clean and free of debris. The builder uses an on-site trash collection bin to keep it that way.

Stairways and Ladders

✓ Install permanent or temporary guardrails on stairs before stairs are used for general access between levels to prevent people from falling or stepping off edges (fig. 3).

✓ Do not store materials on stairways used for general access between levels.

✓ Remove hazardous projections (protruding nails, large splinters, etc.) from the stairs immediately.

Figure 2. La obra está limpia y libre de desechos. El constructor utiliza un recipiente de recolección de residuos en la obra para mantenerla de esa manera.

Escaleras y Escaleras Portátiles

☑ Instale barandas permanentes o temporales en las escaleras antes de utilizarlas para el acceso general entre los niveles, a fin de evitar que las personas caigan o se desplomen por los costados (figura 3).

☑ No almacene materiales en las escaleras que se utilizan para el acceso general entre los niveles.

☑ Quite los objetos salientes (clavos salientes, astillas grandes, etc.) de las escaleras de inmediato.

Figure 3. Properly guarded stairs. The worker is walking up properly guarded stairs.

✓ Correct slippery conditions on stairways before stairs are used.

✓ Keep manufactured and job-made ladders in good condition and free of defects.

✓ Inspect ladders for broken rungs and other defects before use to prevent falls. Clearly tag defective ladders "Do Not Use." Discard or repair defective ladders.

✓ Secure ladders near the top or at the bottom to prevent them from moving or slipping and causing falls.

Figura 3. Escaleras con las barandas colocadas como corresponde. El trabajador sube correctamente por los escalones rodeados de barandales.

☑ Corrija el estado resbaloso de las escaleras antes de utilizarlas.

☑ Guarde las escaleras portátiles armadas en el trabajo y fabricadas en buen estado y libre de defectos.

☑ Antes de cada uso, inspeccione las escaleras portátiles, a fin de detectar peldaños rotos y otros defectos para evitar caídas. Coloque, en las escaleras portátiles defectuosas, una etiqueta que indique claramente "No Utilizar". Deseche o repare las escaleras portátiles defectuosas.

☑ Asegure las escaleras portátiles cerca de la punta o en la parte inferior, a fin de evitar que ésta se mueva o se resbale, y ocasione caídas.

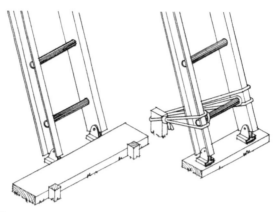

Figure 4. Securing a ladder. This illustration shows two ways to secure the base of a ladder to ensure proper footing.

✓ If you can't tie the ladder off, ensure it is on a stable and level surface so it cannot be knocked over and the bottom of it cannot be kicked out (fig. 4).

✓ Extend ladders at least 3 ft. (0.9 m) above the landing to provide a handhold or for balance when getting on and off the ladder from other surfaces (fig. 5).

✓ When climbing a ladder, always face it and maintain 3 points of contact with it (fig. 6).

 Safety Tip: Do not carry anything (e.g., tools or materials) that may cause you to lose your balance while ascending or descending a ladder.

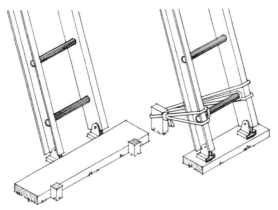

Figura 4. Cómo asegurar una escalera. En esta ilustración, se muestran dos maneras de asegurar la base de una escalera portátil para garantizar un apoyo adecuado.

☑ Si no puede amarrar la escalera portátil, asegúrese de que se encuentra sobre una superficie estable y nivelada, de modo que no pueda caer ni tirar con algún golpe en la parte inferior (figura 4).

☑ Extienda la escalera portátil, al menos, 3 pies (0.9 m) por sobre el descanso para que el trabajador pueda sostenerse con las manos, o tenga equilibrio al subir y bajar la escalera desde otras superficies (figura 5).

☑ Al subir la escalera portátil, hágalo siempre de frente y mantenga 3 puntos de apoyo con dicha escalera (figura 6).

 Consejo de Seguridad: *no cargue nada (por ejemplo, herramientas o materiales) que pudiera hacer que pierda el equilibrio al subir o bajar la escalera portátil.*

Figure 5. Proper use of a ladder to access an upper level.
When ladders are used to access an upper level, they must extend at least 3 ft. (0.9 m) above the landing surface.

☑ Do not set up ladders near passageways or high-traffic areas where they could be knocked over.

☑ Use ladders only for their intended purpose and not as platforms, runways, or scaffold planks.

Figura 5. Uso adecuado de la escalera portátil para acceder a un nivel superior. Cuando se utilizan escaleras portátiles para acceder a un nivel superior, se deben extender, al menos, 3 pies (0.9 m) por sobre la superficie del descanso.

✓ No coloque escaleras portátiles cerca de pasillos o áreas muy transitadas donde se puedan caer.

✓ Utilice las escaleras portátiles únicamente para la finalidad prevista y no las utilice como plataforma, pista o tabla de andamio.

Figure 6. Proper angle for ladder and three points of contact. The worker is climbing a ladder set at the proper angle (4:1) with a three-point contact grip (two hands and one foot).

Scaffolds and Other Work Platforms

GENERAL

☑ Train workers on the hazards of scaffolds before erecting, using, modifying, moving, or dismantling them.

Figura 6. Ángulo adecuado de la escalera portátil y tres puntos de apoyo. El trabajador está subiendo la escalera portátil colocada en el ángulo adecuado (4:1) con el agarre de tres puntos de contacto (dos manos y un pie).

Andamios y Otras Plataformas de Trabajo

GENERAL

☑ Capacite a los trabajadores sobre los peligros que representan los andamios antes de armarlos, usarlos, modificarlos, trasladarlos o desarmarlos.

☑ Provide safe access (e.g., ladders or stairs) to get on and off of scaffolds and work platforms. (*see* Stairways and Ladders).

☑ Keep scaffolds and work platforms free of debris. Keep tools and materials as neat as possible on scaffolds and platforms. These practices will help prevent materials from falling and workers from tripping.

☑ Erect scaffolds on firm, drained and level foundations (figs. 7a and 7b).

☑ Finished floors will normally support the load for a scaffold or work platform and provide a stable base.

☑ Use screw jacks and base plates to level or stabilize the scaffold.

☑ Use mudsills to prevent the scaffold from sinking. Don't use blocks, bricks, or scraps to stabilize the scaffold base.

☑ Place scaffold legs on firm footing and secure from movement or tipping, especially on dirt or similar surfaces (figs. 7a and 7b).

☑ Erect and dismantle scaffolds only under the supervision of a competent person.

Safety Tip: *Makeshift scaffolds will rarely be acceptable on the jobsite.*

☑ Proporcione un acceso seguro (por ejemplo, escaleras portátiles o escalones) para subir y bajar de los andamios y las plataformas de trabajo. (Consulte la sección *Escaleras y Escaleras Portátiles*).

☑ Mantenga los andamios y las plataformas de trabajo libres de desechos. Mantenga lo más ordenado posible las herramientas y los materiales que coloca sobre los andamios y las plataformas. Estas prácticas ayudarán a evitar que se caigan materiales y se tropiecen los trabajadores.

☑ Arme los andamios sobre cimientos nivelados firmes y drenados (figuras 7a and 7b).

☑ Los pisos terminados, generalmente, soportarán la carga del andamio o la plataforma de trabajo, y proporcionarán una base estable.

☑ Utilice gatos de husillo y placas de soporte para nivelar o estabilizar el andamio.

☑ Utilice durmientes para evitar la caída del andamio. No utilice bloques, ladrillos ni escombros para estabilizar la base del andamio.

☑ Coloque las patas del andamio sobre una base firme y asegúrela para evitar que se mueva o se vuelque, especialmente, si se encuentran sobre tierra o superficies similares (figuras 7a y 7b).

☑ Arme y desarme el andamio sólo bajo la supervisión de una persona competente.

Consejo de Seguridad: *es muy poco probable que se acepte el uso de andamios improvisados en la obra.*

Figures 7a and 7b. Stable scaffold footings and mud sills for scaffolds. Firm, level footings and mud sills for these scaffolds ensure stability of the work platform.

☑ Each scaffold must be capable of supporting its own weight and 4 times the maximum intended load.

☑ A competent person must inspect scaffolds before each use.

☑ Follow the checklist in figure 8.

Figuras 7a y 7b. Bases y durmientes estables para los andamios. Las bases y durmientes nivelados y firmes de estos andamios garantizan la estabilidad de la plataforma de trabajo.

✓ Cada andamio debe poder soportar su propio peso y 4 veces la carga máxima prevista.

✓ Antes de cada uso, una persona competente debe inspeccionar los andamios.

✓ Siga la lista de comprobación de la figura 8.

DO NOT use damaged parts that affect the strength of the scaffold.

DO NOT allow employees to work on scaffolds when they are feeling weak, sick, or dizzy.

DO NOT work from any part of the scaffold other than the platform.

DO NOT alter the scaffold.

DO NOT move a scaffold horizontally while workers are on it unless it is a mobile scaffold and the proper procedures are followed.

DO NOT allow employees to work on scaffolds covered with snow, ice, or other slippery materials.

DO NOT erect, use, alter, or move scaffolds within 10 ft. of overhead power lines.

DO NOT use shore or lean-to scaffolds.

DO NOT swing loads near or on scaffolds unless you use a tag-line.

DO NOT work on scaffolds during inclement weather or high winds, unless the competent person determines that it is safe to do so.

DO NOT use ladders, boxes, barrels, or other makeshift contraptions to raise your work height.

DO NOT let extra materials build up on the platform.

DO NOT put more weight on a scaffold than it is designed to hold.

Figure 8. Scaffold Safety Checklist. Use this checklist to conduct inspections.

NO use partes dañadas que afecten la resistencia del andamio.

NO permita que los empleados trabajen sobre andamios cuando se sienten débiles, enfermos o mareados.

NO trabaje desde otra parte del andamio que no sea la plataforma.

NO altere el andamio.

NO mueva horizontalmente un andamio cuando haya trabajadores encima de éste, a menos que sea un andamio móvil y se sigan los procedimientos adecuados.

NO permita que los empleados trabajen sobre andamios cubiertos de nieve, hielo u otro material resbaloso.

NO erija, use, altere o mueva andamios dentro de un radio de 10 pies del tendido eléctrico aéreo.

NO use andamios de soporte o reclinados.

NO balancee cargas cerca o encima de andamios a no ser que use un cable de maniobra.

NO trabaje sobre andamios cuando haya mal tiempo o vientos fuertes, a menos que la persona competente determine que es seguro hacerlo.

NO use escaleras, cajas, barriles u otros dispositivos improvisados para elevar su altura de trabajo.

NO permita que materiales extras se acumulen en la plataforma.

NO coloque más peso en el andamio del que fue diseñado para soportar.

Figura 8. Lista de Comprobación de Seguridad de los Andamios. Utilice esta lista de comprobación para llevar a cabo las inspecciones.

PLANKING

☑ Fully plank a scaffold to provide a full work platform, or use manufactured decking. The platform decking and/or scaffold planks must be scaffold grade and must not have any visible defects.

☑ Use scaffold-grade lumber for planking. Construction-grade wood, which has only 2/3 the capacity of scaffold-grade wood, is not acceptable.

☑ Keep the front edge of the platform within 14 in. (0.35 m) of the face of the work.

☑ Extend planks or decking material at least 6 in. (0.15 m) over the edge or cleat them to prevent movement. The work platform or planks must not extend more than 12 in. (0.30 m) beyond the end supports to prevent tipping when workers are stepping or working.

☑ Be sure that manufactured scaffold planks are the proper size and that the end hooks are attached to the scaffold frame.

ESTRUCTURA DE TABLONES

✓ Coloque tablones sobre todo el andamio para conformar una plataforma de trabajo completa o utilice una cubierta armada. Los tablones del andamio o la cubierta de la plataforma deben ser del tipo apto para andamios y no deben presentar defectos visibles.

✓ Utilice madera del tipo apto para andamios para armar la estructura de tablones. No se permite utilizar maderas del tipo apto para la construcción, dado que tienen sólo 2/3 de la capacidad de la madera del tipo apto para andamios.

✓ Mantenga el borde frontal de la plataforma dentro de las 14 pulgadas (0.35 m) de la superficie de trabajo.

✓ Coloque los tablones o el material de cubierta, al menos, 6 pulgadas (0.15 m) por encima de los bordes o sujételos con listones para evitar que se muevan. Los tablones o las plataformas de trabajo no deben extenderse más de 12 pulgadas (0.30 m) por sobre los soportes de los extremos para evitar que se vuelquen cuando los trabajadores suben a ellos o trabajan sobre ellos.

✓ Asegúrese de que los tablones del andamio armados tengan el tamaño adecuado y que los ganchos de los extremos estén sujetos al marco del andamio.

SCAFFOLD GUARDRAILS

☑ Guard scaffold platforms that are more than 10 ft. (3 m) above the ground or floor surface with a standard guardrail. If guardrails are not practical, use other fall-protection devices, such as a PERSONAL FALL ARREST or netting (fig. 9).

Figure 9. Safe fabricated frame scaffold access. Built-in stairs are used to access this fabricated frame scaffold; ladders can also be used to access the top of the scaffold. Guardrails, cross bracing, and complete planking are used to prevent falls. Workers must also wear hard hats when working on or around scaffolds.

BARANDAS PARA ANDAMIOS

☑ Proteja las plataformas de andamios que superan los 10 pies (3 m) de altura por encima del suelo o la superficie del piso con una baranda estándar. Si no tiene barandas, utilice otros dispositivos de protección contra caídas, por ejemplo, un SISTEMA PERSONAL DE DETENCIÓN DE CAÍDAS o una red (figura 9).

Figura 9. Acceso al andamio con un marco armado seguro. Los escalones integrados se utilizan para acceder al andamio con marco armado; las escaleras portátiles también se pueden utilizar para acceder a la parte superior del andamio. Las barandas, el reforzamiento transversal y los tablones completos se utilizan para prevenir caídas. Los trabajadores, además, deben usar cascos cuando trabajan sobre los andamios o cerca de estos.

☑ The top rail must be installed approximately 42 in. (1 m) (+/− 3 in. (0.07 m)) above the work platform or planking, with a midrail about half that high at 21 in. (0.5 m) (+/− 3 in. (0.5 m)) as shown in figure 10.

☑ Install toe boards if other workers will be below the scaffold, to prevent materials from falling.

Figure 10. Properly erected pump-jack scaffold. This pump-jack scaffold was erected properly with guardrails and roof connectors. Because of the pump jack's limited strength, manufacturers typically recommend allowing only two workers, or up to 500 lb. (227 kg), on the scaffold.

☑ La baranda superior se debe instalar, aproximadamente, a 42 pulgadas (1 m) (+/− 3 pulgadas (0.07 m)) por encima de la plataforma de trabajo o la estructura de tablones, con un larguero intermedio a, aproximadamente, la mitad de altura, que equivale a 21 pulgadas (0.5 m) (+/− 3 pulgadas (0.07 m)), según se muestra en la figura 10.

☑ Instale rodapiés si habrá otros trabajadores debajo del andamio, a fin de evitar la caída de materiales.

Figura 10. Andamio de palometa de gato armado correctamente. Este andamio de palometa de gato se armó como corresponde, con barandas y conectores de techos. Debido a la resistencia limitada de la palometa de gato, los fabricantes generalmente recomiendan que sólo dos trabajadores (o 500 lb (227 kg) como máximo) suban al andamio.

Fall Protection

GENERAL REQUIREMENTS

☑ Workers exposed to a fall hazard 6 ft. (1.8 m) or more above lower levels must be protected by conventional fall protection (i.e., guardrail systems, safety net systems, or personal fall arrest systems).

 Safety Tip: *Double-locking snap hooks are needed to connect to anchor points and the harness. Do not tie knots to anchor points.*

☑ If ladders, scaffolds, or aerial lifts cannot be used, and it can be demonstrated that it is not feasible or would create a greater hazard to use conventional fall protection equipment when working at heights of 6 ft. (1.8 m) or greater, a written site-specific fall-protection plan must be developed.

☑ The plan must be developed by a qualified person and implemented under the supervision of a competent person.

☑ Workers must be trained to recognize fall hazards and the safe work practices to follow to minimize the risk of falling (fig. 11).

Protección contra Caídas

R E Q U I S I T O S   G E N E R A L E S

☑ Los trabajadores expuestos a riesgos de caídas desde 6 pies (1.8 m) o más sobre niveles más bajos deben contar con la protección convencional contra caídas (es decir, sistemas de barandas, de redes de seguridad o sistemas personales de detención de caídas).

 Consejo de Seguridad: *es necesario contar con ganchos de seguridad tipo caldazo doble para conectarlos con los puntos de anclaje y el arnés. No ate nudos a los puntos de anclaje.*

☑ Si no se pueden utilizar escaleras portátiles, andamios o elevadores aéreos, y se puede demostrar que no es viable o que ocasionaría un mayor peligro utilizar un equipo de protección contra caídas convencional cuando se trabaja en alturas de 6 pies (1.8) m o más, se debe elaborar, por escrito, un plan de protección contra caídas específico para la obra.

☑ El plan debe ser elaborado por una persona calificada e implementado bajo la supervisión de una persona competente.

☑ Se debe capacitar a los trabajadores para que puedan reconocer los peligros de las caídas y las prácticas de trabajo seguras que deben seguir para reducir el riesgo de caídas (figura 11).

Figure 11. A worker installing a roof truss. This worker is using a recognized safe work practice by standing on a ladder to secure the end of the roof truss.

FLOOR, WALL, AND WINDOW OPENINGS

☑ Install guardrails around openings in floors and across openings in walls and windows when the fall distance is 6 ft. (1.8 m) or more. Be sure the top rails can withstand a 200 lb. (90 kg) load (figs. 12 and 13).

Figura 11. Trabajador instalar una armadura para techos. Este trabajador está aplicando una práctica de trabajo segura y reconocida al estar parado sobre una escalera portátil para asegurar el extremo de la armadura para techos.

APERTURAS EN PISOS, PAREDES Y VENTANAS

✓ Instale barandas alrededor de las aperturas en pisos, y de un extremo a otro en las aperturas en paredes y ventanas cuando la distancia de caída es de 6 pies (1.8 m) o más. Asegúrese de que las barandas superiores pueden soportar una carga de 200 lb (90 kg) (figuras 12 y 13).

Figure 12. Window with guardrail. This window opening has a guardrail because the bottom sill height is less than 39 in. (1 m). Because the distance between the studs is less than 18 in. (0.45 m), no guardrails are needed between the studs.

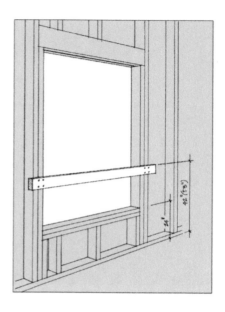

☑ Install guardrails on low-silled windows (bottom sill less than 39 in. (1 m) from the floor).

☑ Construct guardrails with the top rail approximately 42 in. (1 m) high and the midrail about half as high, or 21 in. (0.5 m) (fig. 14).

☑ Install toe boards around floor openings when other workers will be below the work area.

☑ Cover floor openings larger than 2 × 2 in (0.05 m). with a secured and clearly marked hole cover that safely supports twice the working load.

Figura 12. Ventana con baranda. Esta apertura de ventana tiene una baranda porque la altura del antepecho inferior mide menos de 39 pulgadas (1 m Debido a que la distancia existente entre los montantes es inferior a 21 pulgadas (0.5 m), no es necesario colocar barandas entre los montantes.

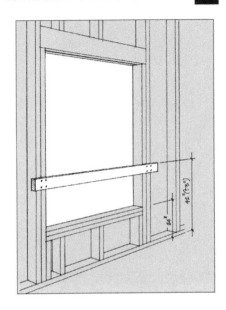

☑ Coloque barandas sobre ventanas antepecho bajo (es decir, si el antepecho inferior está a menos de 1 m del suelo).

☑ Construya las barandas con la baranda superior a, aproximadamente, 42 pulgadas (1 m) de altura y un larguero intermedio a, aproximadamente, la mitad de altura, que equivale a 21 pulgadas (0.5 m) (figura 14).

☑ Coloque rodapiés alrededor de las aperturas del piso si habrá otros trabajadores debajo del área de trabajo.

☑ Cubra las aperturas del piso que superen la superficie de 2 pulgadas (0.05 m) × 2 pulgadas (0.05 m) con tapas de hoyos marcadas claramente y que soporten, de manera segura, dos veces la carga de trabajo.

Figure 13. Guard rail around floor opening. This photograph shows a proper guardrail around a floor opening.

ROOFING WORK

☑ Inspect for and remove frost and other slipping hazards before getting onto roof surfaces.

☑ Cover and secure all skylights and openings or install guardrails to keep workers from falling through openings.

Figura 13. Baranda colocada alrededor de la apertura del piso. En esta fotografía, se muestra una baranda colocada correctamente alrededor de la apertura del piso.

TRABAJO EN INSTALACIÓN DE TECHOS

☑ Inspeccione y quite la escarcha y otras causas de peligro de resbalones antes de subir a la superficie del techo.

☑ Cubra y asegure todas las aperturas y claraboyas, o coloque barandas para evitar que los trabajadores se caigan por las aperturas.

Figure 14. Guardrails and midrails. This drawing shows the correct height for guardrails and midrails—about 42 in. (1 m) and 21 in. (0.5 m) high, respectively. When using stilts or ladders near openings, add a second top rail to increase the height of the top edge of the top rail to protect workers from falls.

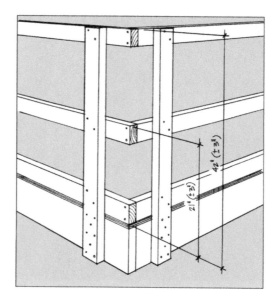

☑ Use a personal fall arrest system with a solid anchor point when installing shingles and other roofing material (figs. 15 and 16).

☑ Read all manufacturers' instructions and warnings before using a personal fall arrest system.

☑ Install anchors at a secure place on the roof according to the manufacturer's requirements. Anchor points used for fall arrest must be capable of supporting 5,000 lb. (2,273 kg.), or twice the intended load per worker.

Figura 14. Barandas y largueros intermedios. Este gráfico muestra la altura correcta de las barandas y largueros intermedios: unas 42 pulgadas (1 m) y 21 pulgadas (0.5 m) de altura, respectivamente. Cuando utilice zancos o escaleras portátiles cerca de las aperturas, agregue una segunda baranda superior para aumentar la altura del borde superior, a fin de proteger a los trabajadores de las caídas.

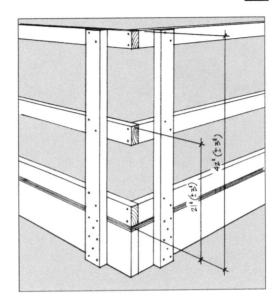

☑ Utilice un sistema personal de detención de caídas con un punto de anclaje sólido al instalar tejas u otro material para techar (figuras 15 y 16).

☑ Lea todas las advertencias e instrucciones del fabricante antes de utilizar un sistema personal de detención de caídas.

☑ Instale el punto de anclaje en un lugar seguro del techo, conforme a los requisitos del fabricante. Los puntos de anclaje utilizados para la detención de caídas deben soportar 5,000 lb (2,273 kg) o dos veces la carga prevista por trabajador.

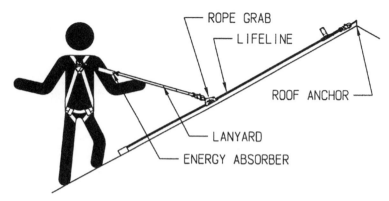

Figure 15. Components of a personal fall arrest system. This personal fall arrest system includes a roof anchor point, lifeline, rope grab, shock-absorbing lanyard, and a full-body harness. (Photo courtesy of DBI-SALA & Proteca)

☑ Stop roofing operations when storms, high winds, or other adverse conditions create unsafe conditions.

☑ Remove or properly guard any impalement hazards.

☑ Wear shoes with slip-resistant soles.

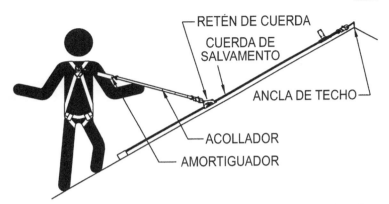

Figura 15. Componentes del sistema personal de detención de caídas. El sistema personal de detención de caídas incluye un punto de anclaje para techo, una cuerda salvavida, un retén de cuerda, un acollador amortiguador de choques y un arnés para todo el cuerpo. (Fotografía proporcionada por DBI-SALA & Proteca).

☑ Detenga los trabajos en techos si se generan condiciones de inseguridad debido a tormentas, vientos fuertes u otras condiciones adversas.

☑ Quite o proteja correctamente los peligros relacionados con el empalamiento.

☑ Use zapatos con suelas antideslizantes.

Figure 16. A worker wearing a personal fall arrest system. This worker has attached an anchor point into a fully sheathed roof. Nailing or screwing it into the truss or rafter through the sheathing is usually an acceptable anchorage. Follow the fall protection manufacturer's instructions for safe use of the personal fall arrest system.

Figura 16. Trabajador usando un sistema personal de detención de caídas.
Este trabajador ha colocado un punto de anclaje en un techo totalmente
revestido. En general, se acepta el anclaje llevado a cabo mediante el clavado o
atornillado del punto de anclaje en la cercha o viga a través del revestimiento.
Siga las instrucciones del fabricante sobre la protección contra caídas para
utilizar, de manera segura, el sistema personal de detención de caídas.

Excavations and Trenching

GENERAL

☑ For excavations and utility trenches more than 5 ft. (1.5 m) deep, use shoring, shields (trench boxes), benching, or slope back the sides to prevent soil cave-ins. Unless a soil analysis has been completed, the earth's slope must be at least 1½ ft. (0.45 m) horizontal to 1 ft. (0.30 m) vertical, or 34 degrees (fig. 17).

Figure 17. A trench box. This trench box is being used correctly. A ladder has been provided so workers can safely enter and exit the trench.

Excavaciones y Zanjas

GENERAL

☑ En el caso de excavaciones y zanjas para servicios públicos superiores a 5 pies (1.5 m) de profundidad, utilice técnicas de apuntalamiento, protectores (cajas de zanja) y escalones, o incline los lados para evitar derrumbes del suelo. Excepto que se hubiera completado el análisis del suelo, la pendiente de la tierra debe tener, al menos, 1.5 pies (0.45 m) horizontal y 1 pie (0.30 m) vertical, o 34 grados (figura 17).

Figura 17. Caja de zanja. Esta caja de zanja se utiliza correctamente. Se ha colocado una escalera portátil para que los trabajadores puedan ingresar y salir de la zanja de manera segura.

☑ Find the location of all underground utilities by contacting the local utility locating service or call 811, the nationwide "Call Before You Dig" number.

☑ Keep workers away from digging equipment and never allow them in an excavation when equipment is in use.

☑ Don't allow workers between equipment in use and other obstacles or machinery that can cause crushing hazards.

☑ Keep equipment and the excavated dirt (spoils pile) back 2 ft. (0.7 m) from the edge of the excavation (fig. 18).

Figure 18. An excavation with slop and spoil pile. The dotted line indicates the profile for this excavation, which is sloped at 1½:1. Usually, residential excavations are in Type C soil and will require a slope of 34 degrees.

✓ Encuentre la ubicación de todos los servicios públicos subterráneos; para ello, comuníquese con el servicio de ubicación de servicios públicos locales o llame al 811, el número "Llame Antes de Excavar" disponible para todo el país.

✓ Mantenga a los trabajadores alejados del equipo de excavación y nunca les permita ingresar a una excavación mientras se está utilizando dicho equipo.

✓ No permita que los trabajadores se ubiquen entre el equipo en uso ni entre otros obstáculos o máquinas que pudieran generar peligro de aplastamiento.

✓ Mantenga el equipo y la tierra excavada (montón de material excavado) alejados, a 2 pies (0.7 m) del borde de la excavación (figura 18).

Figura 18. Excavación con montón de material excavado y pendiente. La línea punteada indica el perfil de la excavación, con una pendiente de 1.5:1. En general, las excavaciones para construcciones residenciales se llevan a cabo en suelo del Tipo C y necesitan una pendiente de 34 grados.

☑ Have a competent person inspect trenches and excavations daily and correct hazards before workers enter a trench or excavation.

☑ Provide entrances to and exits from a trench or excavation such as ladders or ramps. Exits must be within 25 ft. (7.5 m) of the worker.

☑ Keep water out of trenches with a pump or drainage system and inspect the area for soil movement and potential for cave-ins.

☑ Keep drivers in the cab and workers away from dump trucks when dirt and other debris are being loaded into them. Don't allow workers under any load and train them to stay clear of the backs of vehicles.

FOUNDATIONS

After foundation walls are constructed, take special precautions to prevent injury from cave-ins between the excavation wall and the foundation wall (fig. 19):

☑ The depth of the foundation/basement trench cannot exceed 7½ ft. (2.3 m) unless there is cave-in protection, such as benching and/or sloping of the soil.

☑ Keep the foundation trench at least 2 ft. (0.6 m) wide horizontally.

☑ Haga inspeccionar diariamente las zanjas y las excavaciones por una persona competente, y corrija los posibles peligros antes de que los trabajadores ingresen a la zanja o la excavación.

☑ Habilite accesos de entrada y salida en la zanja o la excavación con escaleras portátiles o rampas. Las salidas deben encontrarse a 25 pies (7.5 m) del trabajador.

☑ Mantenga el agua fuera de las zanjas con un sistema de drenaje o bomba, e inspeccione el área, a fin de determinar casos de movimiento de suelo y posibilidad de derrumbes.

☑ Mantenga a los operadores en la cabina y a los trabajadores alejados de los camiones de tumba cuando se carga la tierra y otros desechos. No permita que los trabajadores se coloquen debajo de la carga y capacítelos para que se mantengan alejados de la parte trasera de los vehículos.

CIMIENTOS

Después de llevar a cabo la construcción de las paredes de los cimientos, tome precauciones especiales para evitar lesiones causadas por los derrumbes producidos entre la pared de la excavación y la pared de los cimientos (figura 19):

☑ La profundidad de la zanja de cimientos no puede superar los 7.5 pies (2.3 m), excepto que haya protección contra derrumbes, por ejemplo, escalonado o inclinación del suelo.

☑ Mantenga la zanja del cimiento, de por lo menos, 2 pies (0.06 m) de ancho horizontalmente.

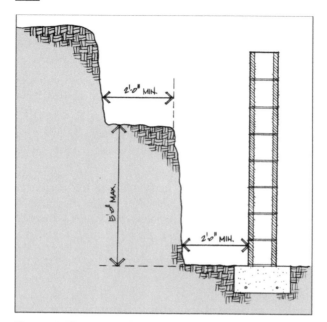

Figure 19. House Foundation. This drawing shows a properly benched trench along a house foundation.

- ☑ Make sure no work activity, such as heavy equipment operation, vibrates the soil while workers are in the trench.

- ☑ Plan the foundation trench work to minimize the number of workers in the trench and the length of time they spend in it.

- ☑ Inspect the trench regularly for changes in the stability of the earth (water, cracks, vibrations, spoils pile). Stop work if any potential for cave-in develops and fix the problem before resuming work.

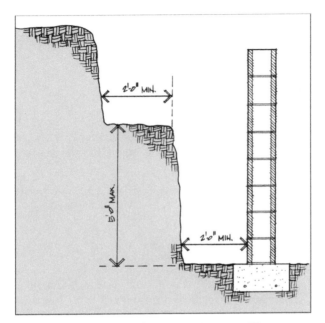

Figura 19. Los cimientos de una casa. En este gráfico, se muestra una zanja escalonada correctamente en los cimientos de una casa.

☑ Asegúrese de que ninguna actividad laboral, por ejemplo, trabajos con equipos pesados, haga vibrar el suelo mientras los trabajadores se encuentran en la zanja.

☑ Planifique las tareas a llevar a cabo en la zanja, a fin de reducir la cantidad de trabajadores y el tiempo que pasarán en ella.

☑ Inspeccione la zanja regularmente para observar cambios en la estabilidad de la tierra (agua, grietas, vibraciones, montón de material excavado). Deje de trabajar si se producen derrumbes y solucione el problema antes de retomar la tarea.

Confined Spaces

- ☑ Train workers to identify confined spaces, recognize entry hazards, take the necessary precautions to avoid these hazards, and use the required personal protective and emergency rescue equipment.

- ☑ Employers must identify confined spaces (e.g., manholes, utility vaults, tanks, sewers, pits, silos, and pipes) on the jobsite and understand the entry hazards.

- ☑ Plan confined space entries in advance, and involve all workers who will be working in or around them.

- ☑ Do not enter permit-required confined spaces without being trained and without having a permit to enter.

Espacios Confinados

☑ Capacite a los trabajadores para que puedan identificar espacios confinados, reconocer los peligros que implica el ingreso, tomar las precauciones necesarias para evitar dichos peligros, y utilizar el equipo de rescate de emergencia y de protección personal necesario.

☑ Los empleados deben identificar los espacios confinados (por ejemplo, pozos de registro, bóvedas de servicios públicos, tanques, alcantarillas, fosas, silos y tubos) en el sitio de trabajo y comprender los peligros que implica el ingreso.

☑ Planifique los ingresos a los espacios confinados por adelantado y haga participar a todos los trabajadores que trabajarán dentro o cerca de dichos espacios.

☑ No ingrese a espacios confinados que requieren autorización sin recibir previamente la capacitación y la autorización para ingresar.

Tools and Equipment

☑ Wear required personal protective equipment, such as head, eye, hand, and hearing protection, when using tools.

☑ Train workers to use tools and equipment safely.

☑ Maintain all hand tools and equipment in a safe condition and check them regularly for defects. Remove broken or damaged tools and equipment from the jobsite.

☑ Follow manufacturer's requirements for safe use of all tools.

☑ Use double-insulated tools or ensure that tools are grounded.

☑ Equip all power saws (circular, skill, table, etc.) with blade guards.

☑ Make sure guards are in place before using power saws (fig. 20). Don't use power saws with the guard tied or wedged open.

Herramientas y Equipos

☑ Cuando use herramientas, utilice el equipo de protección personal necesario, por ejemplo, protección para cabeza, ojos, manos y oídos.

☑ Capacite a los trabajadores para que utilicen las herramientas y los equipos de manera segura.

☑ Mantenga todos los equipos y las herramientas de mano en condiciones seguras, y verifíquelas con regularidad a fin de observar si presentan defectos. Quite de la obra las herramientas y los equipos rotos o dañados.

☑ Cumpla con los requisitos del fabricante relacionados con el uso seguro de todas las herramientas.

☑ Utilice herramientas de doble aislamiento o asegúrese de que las herramientas tengan conexión a tierra.

☑ Equipe todas las sierras eléctricas (circulares, de mano, de mesa, etc.) con protectores de cuchilla.

☑ Asegúrese de que los protectores estén colocados antes de utilizar la sierra eléctrica (figura 20). No utilice las sierras eléctricas con el protector acuñado o abierto.

Figure 20. A worker using a saw with moving parts guarded. This worker is using a power saw that has all moving parts, including the saw blade, properly guarded.

☑ Turn off saws and other tools and equipment before leaving them unattended.

☑ Raise or lower tools by their handles, not by their cords.

☑ Don't use wrenches when the jaws are sprung to the point of slippage; replace them.

☑ Don't use impact tools with mushroomed heads; replace them.

☑ Keep wooden handles free of splinters or cracks and be sure the handles stay tight in the tool.

Figura 20. Trabajador utilizando una sierra con las partes móviles protegidas. El trabajador utiliza una sierra eléctrica, cuyas partes móviles, incluso la cuchilla de la sierra, están protegidas correctamente.

- ✓ Apague la sierra, las herramientas y los equipos antes de dejarlos sin supervisión.

- ✓ Para levantar o bajar las herramientas, sujételas por las manijas, no por los cables.

- ✓ No utilice llaves cuando las mordazas están gastadas de tal manera que resbalan; cámbielas.

- ✓ No utilice herramientas de impacto con el cabezal deformado; cámbielas.

- ✓ Mantenga los mangos de madera sin astillas o grietas, y asegúrese de que estén bien ajustados a la herramienta.

☑ Ensure that workers using powder-activated tools receive proper training prior to using the tools.

☑ Always secure hose connections when using pneumatic tools.

☑ Never carry a power nailer (i.e., nail gun) with your finger on the trigger.

☑ Always disconnect the air supply when pneumatic tools are not in use, and when clearing jams.

☑ Never leave cartridges for pneumatic or powder-actuated tools unattended. Keep equipment in a safe place, according to the manufacturer's instructions.

Vehicles and Mobile Equipment

☑ Train workers to stay clear of backing and turning vehicles and equipment with rotating cabs.

☑ Be sure that all off-road equipment used on-site is equipped with rollover protection (ROPS) (fig. 21).

☑ Asegúrese de que los trabajadores que utilizan herramientas activadas con polvorareciban la capacitación adecuada antes de utilizarlas.

☑ Siempre asegure las conexiones de las mangueras cuando utiliza herramientas neumáticas.

☑ Nunca sujete la clavadora (clavadora neumática) con su dedo sobre el gatillo.

☑ Desconecte siempre el suministro de aire cuando no esté utilizando la herramienta y cuando esté desatascándola.

☑ Nunca deje los cartuchos de herramientas neumaticas o herramientas activadas con polvora sin supervisión. Guarde el equipo en un lugar seguro, conforme a las instrucciones del fabricante.

Vehículos y Equipos Móviles

☑ Capacite a los trabajadores para que se mantengan alejados de los equipos y vehículos que retroceden, giran y cuentan con cabinas giratorias.

☑ Asegúrese de que todos los equipos de todo terreno utilizados en la obra estén equipados con una estructura de protección contra vuelcos (ROPS) (figura 21).

Figure 21. Front end loader. Before use, ensure workers have been trained to operate all mobile equipment, such as front-end loaders and all-terrain fork-lifts, and that the equipment has appropriate safety devices installed and functioning (e.g., seatbelts, rollover cages, and backup alarms).

☑ Maintain backup alarms for equipment with limited rear view or have a spotter guide the vehicles back.

Safety Tip: *Wearing high-visibility safety vests when working near vehicles or other moving equipment can prevent accidents.*

Figura 21. Cargadora frontal. Antes de comenzar a utilizar equipos, asegúrese de que los trabajadores hayan recibido la capacitación necesaria para operar todos los equipos móviles, tales como cargadoras frontales y montacargas de todo terreno, y que los equipos cuenten con los dispositivos de seguridad adecuados instalados y en funcionamiento (por ejemplo, cinturones de seguridad, jaulas protectoras contra vuelcos y alarmas de retroceso).

☑ Realice mantenimiento a las alarmas de retroceso en aquellos equipos que cuentan con visión trasera limitada o tienen un espejo retrovisor en la parte trasera de los vehículos.

Consejo de Seguridad: *para prevenir accidentes, utilice chalecos de seguridad de alta visibilidad cuando trabaje cerca de vehículos u otros equipos en movimiento.*

- ☑ Be sure all vehicles have fully operational braking systems and brake lights.

- ☑ Use seat belts when transporting workers in motor and construction vehicles.

- ☑ Maintain at least a 10 ft. (3 m) clearance from overhead power lines when operating equipment.

- ☑ When operating cranes, maintain a 20 ft. (6 m) minimum clearance between the overhead power lines and any part of the crane, load, or load line, unless additional precautions are taken.

- ☑ Insert blocks under the raised bed when inspecting or repairing dump trucks.

- ☑ Know and heed rated capacities of the cranes.

- ☑ Ensure cranes are stable.

- ☑ Use a tagline to control materials moved by a crane.

- ☑ Ensure that crane and heavy equipment operators are competent and qualified (or certified, where applicable) to operate the equipment safely.

☑ Asegúrese de que todos los vehículos cuenten con luces de freno y sistemas de frenado que funcionen correctamente.

☑ Use cinturones de seguridad al transportar a los trabajadores en vehículos motorizados y de construcción.

☑ Al operar los equipos, mantenga una distancia mínima de 10 pies (3 m) de las líneas eléctricas aéreas.

☑ Al operar las grúas, mantenga una distancia mínima de 20 pies (6 m) entre las líneas eléctricas aéreas y cualquier parte de la grúa, cargadora o línea de carga, excepto que haya tomado precauciones adicionales.

☑ Inserte bloques debajo de la plataforma elevada al inspeccionar o reparar volquetas.

☑ Conozca la capacidad nominal de las grúas y preste atención a dichos valores.

☑ Asegúrese de que las grúas sean estables.

☑ Utilice un cable de cola para controlar los materiales desplazados por una grúa.

☑ Asegúrese de que los operadores de la grúa y de los equipos pesados son competentes y están calificados (o certificados, según corresponda) para operar los equipos de manera segura.

Electrical Work

☑ Prohibit work on energized (hot) electrical circuits until all power is shut off (de-energized) and a positive lockout/tagout system is in place.

☑ Don't use frayed or worn electrical cords or cables.

 Safety Tip: *Do not use flat cords, job-made Romex extension cords, or household-type extension cords on a construction site.*

☑ Use only 3-wire type extension cords (with ground pins attached) designed for hard or junior hard service. (Look for the following letters imprinted on the casing: S, ST, SO, STO, SJ, SJT, SJO, or SJTO.)

☑ Protect extension cords when they run through windows, doors, or floor holes.

☑ Maintain all electrical tools and equipment in safe condition and check them regularly for defects.

Trabajo Eléctrico

☑ Prohíba los trabajos llevados a cabo sobre circuitos eléctricos con energía (calientes) hasta que estén apagados por completo (se haya cortado la energía), y se haya aplicado un sistema de interrupción de energía mediante candado y etiqueta.

☑ No utilice cordones o cables eléctricos gastados o pelados.

 Consejo de Seguridad: *no utilice cables planos, cables de extensión Romex armados en el trabajo ni cordones de extensión de uso doméstico en la obra.*

☑ Sólo utilice cables de extensión de 3 alambres (con terminales a tierra) diseñados para uso duro y servicio duro ligero. (Busque las siguientes letras impresas en la cubierta: S, ST, SO, STO, SJ, SJT, SJO, o SJTO).

☑ Proteja los cordones de extensión si deben pasar por orificios en el piso, o a través de puertas y ventanas.

☑ Mantenga todos los equipos y las herramientas eléctricas en condiciones seguras, e inspecciónelas con regularidad a fin de observar si presentan defectos.

☑ Remove broken, damaged, or defective tools and equipment from the jobsite.

☑ Protect all temporary power (including extension cords plugged into the permanent wiring of the house) with approved ground-fault circuit-interrupters (GFCIs). Plug into a GFCI-protected temporary power pole or a GFCI-protected generator, or use a GFCI extension cord to protect against shocks (fig. 22).

Figure 22. GFCI-protected temporary power source. Ground fault circuit interrupters (GFCI) are required to be used to protect workers against electrocution whenever you connect to a temporary source of power, such as a generator, temporary power pole, or even an extension cord plugged into the permanent wiring of the house (shown).

✓ Quite de la obra las herramientas y los equipos rotos, dañados o defectuosos.

✓ Proteja las fuentes de energía temporales (incluso los cables de extensión conectados al cableado permanente de la casa) con interruptor de circuito accionado por corriente de pérdida a tierra (GFCI). Conecte el poste temporal de energía o el generador protegidos con GFCI, o utilice un cable de extensión de GFCI para brindar protección contra shock electrico (figura 22).

Figura 22. Fuente de energía temporal protegida con GFCI. Es necesario utilizar interruptores de circuito accionado por corriente de pérdida a tierra (GFCI) para proteger a los trabajadores del peligro de electrocución cada vez que se conectan a una fuente de energía temporal, tales como un generador, un poste de energía temporal o, incluso, un cordon de extensión conectado al cableado permanente de la casa (demostrado).

☑ Don't bypass any protective system or device designed to protect employees from making contact with electrical current.

☑ Locate and identify overhead electrical power lines. Ensure that ladders, scaffolds, equipment, and materials are never within 10 ft. (3 m), or 20 ft. (6 m) for cranes, of electrical power lines.

Fire Prevention

☑ In the event of a fire, alert workers in the area that they must evacuate, exit the house as quickly and safely as possible, and **call 911**.

☑ Keep fire extinguishers easy to see and reach.

☑ Train workers on how to use portable fire extinguishers.

☑ Provide one fire extinguisher within 100 ft. (30 m) of employees for each 3,000 sq. ft. (2,800 m^2) of building space (fig. 23).

✓ No no quite cualquier sistema dispositivos de protección diseñados para proteger a los empleados del contacto con la corriente eléctrica.

✓ Ubique e identifique las líneas eléctricas aéreas. Asegúrese de que
las escaleras portátiles, los andamios, los equipos y los materiales nunca se encuentren a 10 pies (3 m)(20 pies (6 m) para las
grúas) de las líneas eléctricas.

Prevención de Incendios

✓ En caso de incendio, alerte a los trabajadores del área que deben
evacuar la zona, salir de la casa de la manera más segura y ráp-
ida posible, y **llamar al 911.**

✓ Mantenga los extintores de incendios en un lugar fácilmente visible y accesibles.

✓ Capacite a los trabajadores cómo usar los extintores de incendios portátiles.

✓ Provea un extintor de incendios dentro de una distancia de 100
pies (30 m) de los empleados por cada 3,000 pies cuadrados
(2,800 m^2) de espacio en el edificio (figura 23).

To operate a fire extinguisher

Pull pin.

Aim at base of fire.

Squeeze handle.

Sweep side to side.

Figure 23. The PASS method. Employees should be trained to use the PASS method to extinguish incipient stage fires.

Para operar un extintor de incendios

Jale el pin.

Apuntar a la base del fuego.

Apriete el mango.

Barrido de lado a lado.

Figura 23. Método PASS. Se debe capacitar a los empleados en el uso del método PASS, a fin de que sepan extinguir incendios en sus etapas iniciales.

Figure 24. A proper gasoline container. Gasoline and other flammable liquids need to be stored in a safety can.

☑ Don't store flammable or combustible materials in areas used for stairways or exits.

☑ Avoid spraying paint, solvents, or other flammable materials in rooms with poor ventilation. Buildup of fumes and vapors can cause explosions or fires.

☑ Store gasoline and other flammable liquids in a safety can outdoors or in an approved storage facility (fig. 24).

☑ Don't store liquid propane (LP) gas tanks inside buildings.

Figura 24. Recipiente para gasolina correcto. La gasolina y otros líquidos inflamables se deben almacenar en un contenedor seguro.

☑ No almacene materiales combustibles o inflamables en áreas utilizadas para escaleras o salidas.

☑ Evite rociar pintura, solventes u otros materiales inflamables en habitaciones con poca ventilación. La acumulación de humos o vapores pueden ocasionar explosiones o incendios.

☑ Almacene la gasolina y otros líquidos inflamables en una lata segura al aire libre o en un sitio de almacenamiento aprobado (figura 24).

☑ No almacene tanques de gas propano líquido (LP) dentro de los edificios.

✓ Keep temporary heaters away from walls and other combustible materials and at least 6 ft. (1.8 m) from any LP gas container.

✓ Ensure that leaks or spills of flammable or combustible materials are cleaned up promptly.

✓ Keep a fire extinguisher close by anytime hot work (welding, soldering, cutting, and brazing) is being conducted on the jobsite or when other sources of ignition are present.

First Aid and Medical Services

✓ Ensure that medical personnel are easily accessible to workers for advice and consultation on matters of occupational health.

✓ Provide an industrial-type first-aid kit that is readily accessible on the jobsite in case of minor injuries. Inspect the kit weekly and replace missing supplies.

✓ Ensure at least one person is adequately trained to provide first aid if the jobsite is not close to a clinic or hospital.

✓ In case of a serious injury or other emergency, **call 911** immediately.

✓ Mantenga los calentadores temporales alejados de las paredes o de otros materiales combustibles, a una distancia de, al menos, 6 pies (1.8 m) de cualquier recipiente de gas propano líquido.

✓ Asegúrese de limpiar de inmediato fugas o derrames de materiales inflamables o combustibles.

✓ Tenga a mano un extintor de incendios cada vez que se llevan a cabo trabajos que producen calor (soldadura, soldadura fuerte, y cortes) en la obra o cuando hay otras fuentes de ignición.

Primeros Auxilios y Servicios Médicos

✓ Asegúrese de que los trabajadores puedan acceder al personal médico con facilidad, a fin de hacer consultas y pedir asesoramiento sobre asuntos de salud ocupacional.

✓ Proporcione un botiquín de primeros auxilios de tipo industrial de fácil acceso en la obra para casos de lesiones menores. Inspeccione la caja todas las semanas y reponga los suministros faltantes.

✓ En caso de que la obra no se encuentre cerca de ninguna clínica u hospital, asegúrese de que haya, al menos, una persona capacitada para brindar primeros auxilios.

✓ En caso de lesión grave u otro tipo de emergencia, llame al 911 de inmediato.

✓ Protect first-aid providers from exposure to bloodborne diseases by providing personal protective equipment, such as latex gloves, and ensuring workers use it.

✓ Take adequate precautions when working in very hot or cold temperatures.

Hazardous Materials and Hazard Communication (HAZCOM)

✓ Develop a written hazard communication program that details how workers will be protected from hazardous materials exposure.

✓ Use engineering controls, safe work practices, and appropriate personal protective equipment to minimize worker exposure to hazardous materials and chemicals.

✓ Train workers on the hazards associated with the chemicals being used.

✓ Follow manufacturer's instructions for handling, use, and storage of hazardous chemicals.

✓ Ensure safety data sheets are maintained and readily available for all hazardous materials (caulks, paints, cleaners, adhesives, glues, and sealants, etc.) used on the jobsite.

☑ Proteja a los prestadores de primeros auxilios de la exposición a enfermedades de contagio por sangre; para ello, proporcione el equipo de protección personal correspondiente, tales como guantes de látex, y asegúrese de que los trabajadores los usen.

☑ Tome las medidas necesarias al trabajar en temperaturas muy altas o muy bajas.

Materiales Peligrosos y Comunicación de Peligros (HAZCOM)

☑ Desarrolle un programa de comunicación de peligros por escrito que describa, en forma detallada, de qué manera se protegerá a los trabajadores de la exposición a materiales peligrosos.

☑ Utilice controles de ingeniería, prácticas de trabajo seguras y equipos de protección personal adecuados para reducir la exposición del trabajador a productos químicos o materiales peligrosos.

☑ Capacite a los trabajadores sobre los peligros asociados con los productos químicos que utilizan.

☑ Siga las instrucciones del fabricante relacionadas con la manipulación, el uso y el almacenamiento de productos químicos peligrosos.

☑ Asegúrese de llevar registros de seguridad de inmediata disposición sobre todos los materiales peligrosos (yeso, pinturas, limpiadores, adhesivos, pegamentos y sellantes, etc.) que se utilizan en la obra.

- ✓ Ensure that all containers are clearly labeled with product identity and hazard information.

- ✓ Provide an eye wash station workers can use if they are exposed to chemicals, paints, solvents, or other potentially harmful contaminants.

Construction Safety Resources

For more information on how to comply with OSHA regulations on residential jobsites, consult the following online resources:

- ✓ NAHB (http://www.nahb.org)

- ✓ OSHA (http://www.osha.gov)

- ✓ National Institute for Occupational Safety and Health (NIOSH) (http://www.cdc.gov/niosh)

- ✓ Electronic Library of Construction Occupational Safety and Health (eLCOSH) (http://www.elcosh.org)

✓ Asegúrese de etiquetar claramente todos los recipientes con información relacionada con la identificación y los peligros de los productos.

✓ Proporcione una estación para el lavado de ojos que los trabajadores puedan utilizar en caso de exposición a productos químicos, pinturas, solventes u otros contaminantes posiblemente perjudiciales para la salud.

Recursos de Seguridad para la Construcción

Para obtener más información acerca de cómo cumplir con las normativas de OSHA en las obras residenciales, consulte los siguientes recursos en línea:

✓ NAHB (http://www.nahb.org)

✓ OSHA (http://www.osha.gov)

✓ Instituto Nacional para la Seguridad y Salud Ocupacional (NIOSH) (http://www.cdc.gov/niosh)

✓ Biblioteca Electrónica de Salud y Seguridad Ocupacional en la Construcción (eLCOSH) (http://www.elcosh.org)